江苏省农业农村厅　组编

江苏省新型职业农民培育系列教材

水稻精确定量
栽培实用技术

（第二版）

编　著　戴其根　张洪程　张祖建　朱庆森

U0260528

江苏凤凰科学技术出版社·南京

图书在版编目（CIP）数据

水稻精确定量栽培实用技术 / 戴其根等编著. -- 2
版. -- 南京 : 江苏凤凰科学技术出版社，2019.5（2025.3重印）
江苏省新型职业农民培育系列教材
ISBN 978-7-5713-0206-1

Ⅰ. ①水… Ⅱ. ①戴… Ⅲ. ①水稻栽培－栽培技术－
技术培训－教材 Ⅳ. ①S511

中国版本图书馆CIP数据核字（2019）第057184号

江苏省新型职业农民培育系列教材
水稻精确定量栽培实用技术

编　　　著	戴其根　张洪程　张祖建　朱庆森	
责 任 编 辑	张小平　沈燕燕	
责 任 校 对	仲　敏	
责 任 监 制	刘文洋	
责 任 设 计	徐　慧	

出 版 发 行	江苏凤凰科学技术出版社
出版社地址	南京市湖南路1号A楼，邮编：210009
出版社网址	http://www.pspress.cn
照　　排	江苏凤凰制版有限公司
印　　刷	南京新世纪联盟印务有限公司

开　　本	890 mm×1 240 mm　1/32
印　　张	2.25
字　　数	60 000
版　　次	2019年5月第2版
印　　次	2025年3月第8次印刷

标 准 书 号	ISBN 978-7-5713-0206-1
定　　价	14.00元

图书如有印装质量问题，可随时向我社印务部调换。

🌾 前　言

乡村振兴，人才是基石。习近平总书记指出，要推动乡村人才振兴，把人力资本开发放在首要位置，强化乡村振兴人才支撑。加快培育新型农业经营主体，让愿意留在乡村、建设家乡的人留得安心，让愿意上山下乡、回报乡村的人更有信心，激励各类人才在农村广阔天地大施所能、大展才华、大显身手，打造一支强大的乡村振兴人才队伍，在乡村形成人才、土地、资金、产业汇聚的良性循环。

近年来，江苏省全面开展新型职业农民培育，通过就地培养、吸引提升等方式，分层分类培育新型职业农民，加快建设一支数量充足、结构合理、素质优良的新型职业农民队伍，破解乡村人才难题。当前是江苏省推动农业农村高质量发展、实施乡村振兴战略的重要时期，新型职业农民作为建设现代农业的主导力量，需要不断学习有关知识技能，提高综合素质、生产水平和经营能力。

为配合新型职业农民培育工程的实施，江苏省农业农村厅在注重农民培训教材规划的基础上，注重贴近实际、紧跟产业需求，组织编写了该系列农民培训教材。本系列教材注重实用性，突出操作性，强化图片比例，增强阅读吸引力，通俗易懂，适合新型职业农民等各类新型农业经营主体使用。希望通过这套系列教材出版发行，进一步提升职业农民综合素质、生产技能和经营能力，壮大有文化、懂技术、善经营、会管理的新型职业农民队伍，让农民真正成为有吸引力的职业，让农业成为有奔头的产业，让农村成为安居乐业的美好家园。

编委会

"江苏省新型职业农民培育系列教材"编委会

目 录

第一章
水稻叶龄模式

第一节　水稻主茎总叶数与伸长节间数

要点提示

应用水稻出叶（心叶）和分蘖、发根、拔节、穗分化之间的同步、同伸规则，通过田间追踪标记，以叶龄为指标，可对各部器官的建成和产量因素形成等，在生育进程上作精确诊断（图1-1）。

图1-1　以叶龄为指标，建立田间诊断体系
① 秧田期叶龄；② 田间叶龄观察哨（点）

水稻有籼、粳类型，各类型的品种数量很多（图1-2），生育期（100～200多天）、主茎一生的总叶数（10～26片）和伸长节间数（3～10多个）差异极大。不同总叶数的品种之间，在同一叶龄期，

各部器官的生长和发育状况是很不相同的；总叶数相同、伸长节间数不同的品种之间，或伸长节间数相同而总叶数不同的品种之间，在同一叶龄期，各部器官的生长和发育状况也有差异。只有主茎总叶数（N）和伸长节间数（n）都相同的品种，在任何一个叶龄期，各部器官的生长和发育阶段才基本相同。

图1-2　不同的水稻品种类型
① 籼稻；② 粳稻

　　因此，可按主茎总叶数（N）和伸长节间数（n）将水稻品种进行分类，可将N和n数均相同的品种归纳为同一叶龄模式类型，并用叶龄指标值对稻株的生育进程做出正确的诊断。

第二节　水稻的4个关键叶龄期

要点提示

　　水稻一生分不同的生长发育阶段（图1-3）。在生产上，对地上部生长诊断最关键的是有效分蘖临界叶龄期、拔节期和穗分化叶龄期这3个时期，但根系的发育是高产的基础，故根系生长的关键叶龄期也应高度重视。

图1-3 水稻一生不同的生长发育阶段

①干谷（种子）；②芽谷；③分蘖初期；④分蘖盛期；⑤抽穗期；⑥灌浆期；⑦成熟期

一、有效分蘖临界叶龄期

1. 分蘖的生长规则（图1-4）

（1）分蘖着生叶位及最大分蘖叶位数　水稻的分蘖由簇生于稻株基部分蘖节上各叶的腋芽（分蘖芽）生长形成，地上部茎生各叶的腋芽一般休眠（特殊情况下如浮水稻萌发分枝穗，再生稻萌发再生穗），分蘖节上端与茎秆基部节间相接叶位的下一个叶位的分蘖芽，因其发生与拔节同步，多数情况下也是休眠的。故分蘖节的叶

分蘖　　　一次分蘖　二次分蘖

图1-4 水稻的分蘖

位数＝主茎总叶数（N）−伸长节间数（n）−1，即$N-n-1$。

主茎第1叶常以1/0来表示，是最低分蘖叶位，第$N-n-1$叶是最上分蘖叶位。例如，17叶5个伸长节间的品种，主茎具有分蘖叶位数是11，第11/0叶是最上部的分蘖发生叶位。一个品种分蘖期的长短、分蘖力的强弱，乃至生育期的长短，主要决定于分蘖叶位的多少。

（2）出叶与分蘖的同伸规则 母茎出叶和分蘖的同伸规则是$N-3$，当主茎第4叶（用4/0表示）抽出（心叶），在下方第1/0叶（$N-3$）叶腋内抽出第1分蘖。第4/0叶叶龄是分蘖发生的起始叶龄，以叶龄通式4/0表示。当主茎第5/0叶抽出时，下方第2/0叶叶腋的第2分蘖抽出（图1-5）。

图1-5　出叶与分蘖
① 出叶；② 分蘖

$N-3$的叶、蘖同伸规则，不仅存在于主茎和一次（或称一级）分蘖之间，而且也存在于分蘖上再发生分蘖的二次或三次分蘖之间，即存在于一切分蘖和它的母茎之间。例如，当主茎第7/0叶抽出，它的子蘖——第1蘖的第4叶（4/1）、第2蘖的第3叶（3/2）、第3蘖的第2叶（2/3）和第4蘖的第1叶（1/4），以及孙蘖——第1子蘖第1-1叶腋内分蘖的第1叶（1/1-1），都在同时抽出，即7/0、4/1、3/2、2/3、1/4和1/1-1等都是同伸叶（图1-6）。

根据上述同伸规则，可以从主茎分蘖期出叶的叶龄数，计算出单株最大的理论分蘖数。这一同伸规则为计算基本苗提供了依据（见基本苗确定部分）。

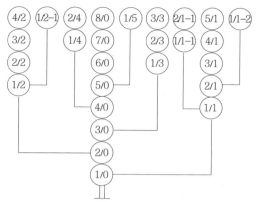

图1-6　水稻叶、蘖同伸规则模式
同一水平线上的叶、蘖为同时抽伸出的叶蘖

（3）分蘖的养分供应与分蘖缺位　分蘖的分化和发生依靠母茎叶片供应有机养分。N叶腋的分蘖，以$N+1$叶对其养分供应最多（$N+1$叶的输导组织和N叶蘖直接相通），其次是N叶，再次是其他功能叶。分蘖长出第2叶，本身能制造养分，开始由异养向自养过渡；待长出第3叶时，分蘖鞘叶基部节上开始长根，具有一定的独立营养能力；到第4叶出伸，其第1叶基部节上长出节根，有了较多的自生根系，即已完全自立，此时脱离母茎，已能自立成活成长。

分蘖不能发生的叶（节）位称为分蘖缺位（图1-7）。造成分蘖缺位的原因有群体密度过大、移栽植伤、深栽、深水、缺肥等。

图1-7　分蘖的发生与分蘖缺位
① 分蘖的发生；② 分蘖缺位

2. 有效分蘖临界叶龄期

（1）有效分蘖和无效分蘖的分化　当母茎生长进入拔节期（$N-n+3$叶龄期）时，稻株的生长中心转向茎和穗，养分供应集中向茎和穗的形成转移，输向分蘖的养分大量减少，处于不同生长状态的分蘖间发生两极分化，分别成为有效分蘖和无效分蘖。

行家指点

　　影响分蘖能否有效的诸多因素中，最重要的内因是母茎拔节期分蘖是否具有较发达的自生根系（图1-8）。

①　　　　②

图1-8　拔节期稍前的水稻
①水稻个体；②水稻群体

（2）有效分蘖临界叶龄期及其表述通式　根据主茎拔节期（$N-n+3$）至少具有4叶（3叶1心）以上才能分蘖并独立生活、成穗可靠的原理，所有水稻品种的有效分蘖临界叶龄期为$N-n$叶龄期，即（主茎总叶数−伸长节间数）叶龄期。因为$N-n$叶龄期发生的分蘖，到$N-n+3$叶龄期，即可具有4叶（3叶1心），具有自生独立的根系，具备成为有效分蘖的基础条件。

　　5个以上伸长节间的品种，符合$N-n$的通式，17叶5个伸长节间品种（图1-9、图1-10），有效分蘖临界叶龄期为12叶（$N-n$）（以有效分蘖临界叶龄期符号⑫表示），其分蘖实际发生叶位为第9叶（$N-3$）。

12叶龄期以前和9叶位以下，为有效分蘖期和有效分蘖叶位。

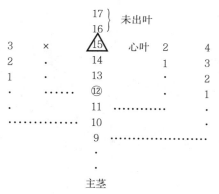

图1-9 主茎拔节时，具有4张叶分蘖发生的主茎叶位示意
（17叶5个伸长节间品种）

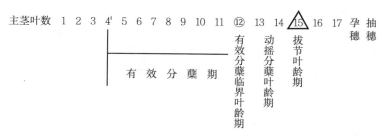

图1-10 17叶5个伸长节间品种有效分蘖叶龄期通式

3. 无效分蘖叶龄期与分蘖高峰期

按主茎最上分蘖发生叶位是$N-n-1$叶位，其同伸叶龄是$N-n+2$叶龄期，故无效分蘖期一般只有$N-n+1$叶和$N-n+2$叶两个叶龄期，其中$N-n+1$叶是动摇分蘖叶龄期。

仍以17叶5个伸长节间的水稻为例，无效分蘖发生于第13/0叶和14/0叶两个叶龄期，高产田的高峰苗期应出现在拔节（第15/0叶叶龄期）的前一个叶龄期。拔节开始以后，茎蘖苗应开始下降。但是，在不合理栽培下，如基本苗数不足，或无效分蘖期氮肥过多，则会使分蘖节最上端的休眠芽萌发，或促使二次、三次分蘖的萌发，到了拔节

期还在发生无效分蘖，这是群体发展不合理的特征（图1-11）。

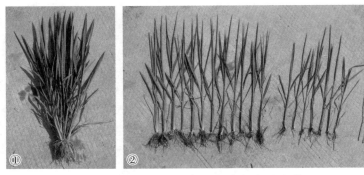

图1-11　有效分蘖和无效分蘖
① 分蘖盛期1穴稻株；② 1穴稻株分蘖及其差异

二、拔节（茎秆基部第1节间伸长）叶龄期

要点提示

从水稻生育进程的时（叶）序上看，先经历有效分蘖临界叶龄期，而后经历拔节叶龄期和穗分化叶龄期（图1-12）。水稻茎秆的生长发育要经历组织分化期、伸长长粗期、物质充实期和物质输出期等4个过程。

图1-12　基部第1节间充实、第2节间迅速伸长
① 拔节期稻株；② 正在拔节的单茎；③ 节间伸长与充实

1. 组织分化期的叶龄期表述

组织分化期分化形成节间内各种组织，如大小维管束、机械组织和薄壁组织等。

出叶和节间组织分化的叶龄表述可概括为：N叶（心叶）抽出 $\approx$（$N+2$）$\sim N$叶对应节间组织分化，经历3个叶龄期。

节与节的分化过程大体为：当N叶（心叶）抽出，包裹在其内的$N+2$叶的基部开始有节的原始结构节板形成，$N+1$叶和N叶基部的节板已发育完善，并有了节和节间的明显分化，节间内的大维管束数已被确定，对最终的粗度也有相当影响。

在节间内，大维管束数往往和茎的粗度成正相关，基部第1节间的大维管束数，在很大程度上决定了以上各节间大维管束数，且和穗部一次枝梗数存在有规律的比例关系。

以17叶（N）5个伸长节间（n）的品种为例，其基部第1伸长节间（第13叶所包裹）的组织分化，开始于第11叶抽出期，完成于第13叶抽出期，可以通过田间剥查确认（图1-13）。其中第11和第12

行家指点

在节间组织分化期，首先把茎基部节间的大维管束数增加上去，就能为壮秆大穗奠定坚实的组织结构基础。

图1-13 拔节期叶龄进程调查

两个叶龄处于有效分蘖叶龄期，而这两个叶龄期节间内组织分化的数量，在很大程度上又受11叶以前各叶龄期生长的影响。简言之，有效分蘖叶龄期早发形成壮株，是形成壮秆大穗的基础。

2. 茎秆各节间的伸长、充实和出叶的同伸同步规则

（1）茎上各节间的伸长长粗　各节间的伸长长粗（除穗下节间外）和出叶的关系均遵循N叶（心叶）抽出＝（$N-1$）～（$N-2$）叶之间节间伸长的规则，第2节间的伸长在第1节间伸长的后一个叶龄，第3节间伸长在第2节间伸长的后一个叶龄，依此相继进行。节间伸长的同时进行增粗（图1-14）。

图1-14　水稻伸长节间与充实
① 出叶与节间伸长；② 基部第1、第2节间的充实

（2）节间充实与出叶的同伸规则　影响茎秆抗倒强度的，除了株高和茎粗外，决定性的因素是茎秆的充实度（单位长度干重）与茎壁厚度，特别是厚壁组织细胞壁的厚度等。这些特性的形成，主要在节间充实叶龄期。

节间充实叶龄期，处于节间伸长长粗的后一个叶龄期。出叶（N）与节间伸长长粗、节间充实盛期和充实完成的同伸同步关系可用如下通式表示：

N叶抽出≈（$N-1$）～（$N-2$）叶间的节间伸长长粗≈

（N-2）～（N-3）叶间的节间充实盛期≈（N-3）～（N-4）叶间的节间充实完成。任何一个节间从开始伸长长粗到充实健壮，一般需经历3个叶龄期。

（3）不同伸长节间数的品种　茎生各叶与各个节间的伸长、充实的具体同步关系，归纳为图1-15。

图1-15反映出：4个伸长节间品种在孕穗期，第1节间已完成了充实。第2节间正处在充实盛期，到抽穗开花期完成充实。这2个节间是决定4个伸长节间品种抗倒强度的关键节间。5个伸长节间品种的茎部第1、第2两个节间，在孕穗期已完成了充实。第3节间和抗倒

伸长节间数	主茎出叶叶位		倒4叶	倒3叶	倒2叶	剑叶	孕穗	抽穗开花
4	节间伸长次序	1						
		2						
		3						
		穗下节间						
5	节间伸长次序	1						
		2						
		3						
		4						
		穗下节间						
6	节间伸长次序	1						
		2						
		3						
		4						
		5						
		穗下节间						

图1-15　不同伸长节间数的品种茎秆各节间伸长长粗、充实与茎生各叶的出叶的同步关系

　　　　□ 伸长长粗盛期　　▨ 充实盛期　　■ 充实完成

注：节间伸长次序从茎秆基部第1间起顺次为第1、第2、第3……间，各叶的次序剑叶为倒1叶，顺次向下为倒2、倒3……叶。

也有密切关系，在孕穗期正处充实盛期，抽穗完成充实。6个伸长节间的品种在孕穗期，茎部第1、第2、第3三个节间均已完成充实。由此可见，决定抗倒强度的基部节间的充实，完成于孕穗期至抽穗期。

基部节间的充实，主要依靠着生于该节间的上方和下方两片叶的光合产物，亦即茎秆基部1~3叶（4个节间品种）或1~4叶（5个节间以上品种）的光合产物。在孕穗至抽穗期，保证这些叶片有充足的光照强度，是保证节间充实、增强抗倒能力的必要条件。

行家指点

把封行日期控制在孕穗至抽穗期（最大叶面积指数LAI期），是高产群体最适宜的定量指标。

（4）物质输出期　抽穗开花后籽粒开始灌浆，贮藏在茎、鞘中的营养物质（主要是淀粉）开始分解向穗输送，茎秆重量明显下降。在抽穗后15~20天，茎秆的重量降到最低点，为物质输出期，是植株抗倒性能下降的时期。以后茎秆的重量略有上升（在叶片衰老迟、群体受光好的条件下）。近年的研究证明，抗倒力强、产量高的群体，茎秆输出物质在籽粒产量中的比值有减小的趋势。

3. 拔节（第1节间伸长）叶龄期的表述通式

通式为：茎秆基部第1节间伸长为$n-2$的倒数叶龄期，或$N-n+3$叶龄期。根据如下：

（1）出叶与节间伸长的同伸公式　N叶(心叶)抽出＝$N-1$叶与$N-2$叶之间的节间伸长。这一公式的叶片定位是，着生在第1伸长节间下方的叶片为$N-2$叶，上方的叶片是$N-1$叶，心叶是N叶。如果把叶序改为由下向上，则基部第1节间下方叶片为第1叶，上方叶片为第2叶，心叶为第3叶。这样，当第3茎生叶抽出时，其下方的第1和第2茎生叶之间的第1节间伸长，拔节开始。

（2）n-2倒数叶龄期　把上述出叶和第1节间伸长的同伸公式应用到具体的品种。

例如，4个伸长节间的品种，有4片茎生叶，当第3茎生叶抽出时，基部第1节间开始迅速伸长，即拔节。第3茎生叶在4片茎生叶中是倒数第2叶。5个伸长节间的品种，当第3茎生叶抽出时开始拔节。第3茎生叶是倒数第3叶。同理，6个伸长节间的品种，开始拔节时，正是倒数第4叶抽出时。

将上述具有4、5、6……个伸长节间品种的拔节期始于倒数2、3、4……叶龄期作归纳，得出水稻拔节期都开始于 n（伸长节间数）-2的倒数叶龄期。

（3）N-n+3叶龄期　生产上叶龄标记是顺数（由下向上数）的，为了准确预测拔节始期，往往采用顺数叶龄。水稻拔节始期的顺数叶龄是N-n+3叶龄期。例如，17叶、5个伸长节间的品种，它的拔节始期应为15叶龄期（17-5+3），以拔节叶龄符号 ⚠ 表示。15叶龄期是17叶品种的倒数第3叶，和 $n-2=3$ 的公式相一致。其余各类品种不需一一举例。

三、稻穗分化与叶龄期

1. 稻穗分化时期的划分

要点提示

　　稻穗分化是一个连续的过程。根据穗部形态（图1-16、图1-17）将穗分化过程划分为若干时期，使各时期和穗形态建成联系起来，是很必要的。凌启鸿等对穗分化进程与外部形态的关系进行了详细观察，并综合前人的研究结果，提出了一个5期划分法（表1-1），并与叶龄进程对应。

图1-16　稻穗形态
① 田间；② 一次枝梗与二次枝梗

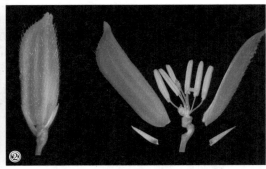

图1-17　水稻颖花的结构
① 开花的颖花；② 颖花结构

表1-1　稻穗分化时期与叶龄余数的关系

穗分化简易分期 （凌启鸿等）	穗分化时期	叶龄余数	对应倒数叶龄期
1.穗轴分化期	1.穗轴分化期	3.5～3.1	倒4叶后半期
2.枝梗分化期	2.一次枝梗分化期 3.二次枝梗分化期	3.0～2.6 2.5～2.1	倒3叶期
3.颖花分化期	4.颖花分化期 5.雌雄蕊分化期	2.0～1.6 1.5～（0.9～0.8）	倒2叶期至倒1叶 （剑叶）初期
4.花粉母细胞形成 及减数分裂期	6.花粉母细胞形成期 7.花粉母细胞减数分裂期	（0.8～0.7）～0.4 （0.4～0.3）～0	倒1叶中、后期
5.花粉充实完成期	8.花粉充实完成期	0～出穗	孕穗期（相当于 1个叶龄期）

第1期，穗轴分化期（图1-18）。茎顶端生长基部分化出第1苞原基，而后在其上陆续分化出第2、第3、……苞原基，苞分化出现实际上是分化形成了穗轴和穗轴节。稻穗由茎缩集演化而来，茎节上应分化出叶原基，但穗轴节上的叶原基被苞原基所代替，苞是叶的同源体。穗轴上分化有多个节，对应有多个苞原基，故有第1苞分化期和苞增殖期等阶段名称。

第2期，枝梗分化期（图1-19）。先在穗轴节上苞的腋部分化出一次枝梗，而后在一次枝梗上分化出二次枝梗。但这些都不是花器官，属穗轴上的分枝，故把一、二次枝梗分化期合为一期，统称为枝梗分化期。枝梗分化后期在各个苞的基部长出很多的毛状物，称为苞毛。苞毛生长很快，不久即覆盖全穗，使穗的外观呈毛笔状。至雌雄蕊分化期后苞毛停止生长，幼穗的枝梗与颖花逐渐长大露出。

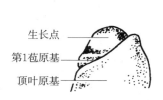

图1-18 水稻幼穗的穗轴分化初期

一次枝梗分化　　二次枝梗分化

图1-19 水稻幼穗的枝梗分化

注：正面看到的1、2、4……由下而上为各一次枝梗原基；b_1、b_6、b_7为第1、第6、第7苞；SB为二次枝梗原基。

第3期，颖花分化期（图1-20）。包括颖花分化期和雌雄蕊分化期两个时期。当幼穗各枝梗的顶端出现颖花原基（出现副护颖原基）时，幼穗分化进入了颖花分化期；当枝梗顶颖花出现雌雄蕊原基时，进入雌雄蕊分化期。由于颖花分化和雌雄蕊分化都属于花器官分化的阶段，未开始生殖细胞的分化，故把这两个时期合为一期，统称为颖花分化期。

第4期，花粉母细胞形成及减数分裂期。包括花粉母细胞形成及

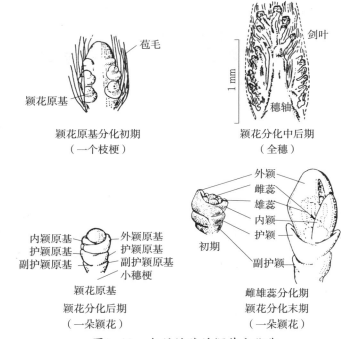

图1-20　水稻幼穗的颖花分化期

其减数分裂的两次分裂。一朵颖花在达到最终长度的1/2左右时，其内的花药花粉母细胞在进行减数分裂。这两期是由生殖细胞形成到产生配子体（花粉粒）的生育时期，故将其合称为一期。

第5期，花粉充实完成期。包括花粉内容物充实和花粉发育完成两期。

穗分化主要时期相关特征见电镜照片图1-21。

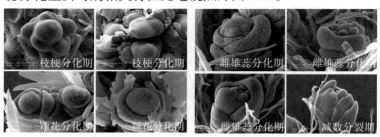

图1-21　穗分化各时期的显微形态

2. 稻穗分化的叶龄诊断

稻穗分化是和水稻最后几片叶的伸出同步进行的，这是用叶龄进程来诊断稻穗分化时期的理论依据。曾经有松岛省三的叶龄指数法和丁颖的叶龄余数法两种诊断法，但这两种诊断法均存在方法原理上或指标结论上的不足之处。

凌启鸿等于1972~1979年间进行的大量观察研究表明，所有品种的穗分化都开始于倒数第4叶抽出一半时（叶龄余数3.5左右），穗分化各期与叶龄的指标值，品种间极为一致（表1-1）。

（1）穗轴分化期 完成于倒4叶抽出的后半期（叶龄余数3.5~3.1），形成穗轴及穗轴节。

（2）枝梗分化期 处于倒3叶抽出期（叶龄余数3.0~2.1）。其中，前半个叶龄期为一次枝梗分化期（叶龄余数3.0~2.6）；后半个叶龄期为二次枝梗分化期（叶龄余数2.5~2.1）。一、二次枝梗于此叶龄分化完成。

（3）颖花分化期 处于倒2叶抽出至剑叶抽出初期，叶龄余数2.0~0.8。其中，倒2叶前半期为颖花分化期，叶龄余数2.0~1.6；倒2叶后半期至剑叶抽出初期为雌雄蕊分化期，叶龄余数1.5~（0.9~0.8）。所有花器官于此叶龄期内分化完成。

（4）花粉母细胞形成及减数分裂期 处于剑叶抽出的中后期，叶龄余数（0.8~0.7）~0。其中，花粉母细胞形成期处于剑叶抽出中期，叶龄余数（0.8~0.7）~0.4；减数分裂期处于剑叶抽出的后期，叶龄余数0.4~0，发育颖花完成生殖细胞的分化发育，并产生配子体。不继续发育的颖花于此期停滞生长而退化。

（5）花粉充实完成期 处于整个孕穗期（相当于1个出叶叶龄期），叶龄余数为0~出穗，配子体于此期发育成熟；颖花退化于此期初结束。

上述水稻外部出叶和内部穗分化形态变化的同步关系，反映了水稻在最后3.5片叶，每出一片叶（或经历一个出叶叶龄期），就使稻穗分化向前推进一期，穗部性状的器官形成上也上升一个层次（由穗轴→枝梗→颖花→生殖细胞→配子体），在生产上很有诊断的实用价值。

四、根系生长与叶龄期

稻根是水稻最主要的吸收器官（图1-22），是各部器官生长发育所需的水和无机养分的主要供应者；根还具有支撑、运转、合成和贮藏养分等综合功能。近代研究证明，根尖具有合成植物激素和生长素的功能。根对提高产量、改进稻米品质具有重要作用。促进根系生长，提高根系活力，特别是抽穗至成熟期的根系活力，是水稻高产栽培中备受关注的事情。

图1-22　水稻的根系
① 稻田长期淹水黄根比例高；② 稻田浅水通气白根多

1. 稻根生长的一般规律

（1）发根节与发根节位数　稻株分蘖节的每个节上，以及茎基部第1伸长节间下端入土的所有节上，均能发生次生根，故稻株次生根发根的总节位数是分蘖节位数加1，即 $N-n+1$ 个。

（2）根原基数与根数　　稻根由各发根节位上分化的根原基生长发育而来，根原基是在发根节的边周部维管束环上发生的，与叶的大维管束连通。叶的维管束愈多，节中分化的根原基也愈多；叶片的维管束数随叶位上升而增加，故各发根节位上的根原基数亦由下而上逐渐增多。分蘖期粗壮的稻株，叶具有较多维管束数，是形成较多根原基的物质和组织基础。但根原基能否发育生长，取决于发根时的稻株营养状况和外部环境条件。

（3）根的发生动态　　所有品种拔节期前后根数增加速度明显加快，拔节到孕穗期是水稻一生中根数增长最快的时期，孕穗到抽穗期是单株根数最大的时期。单株根数达到最大值的时期因其茎秆伸长节间数的多少而有差异，伸长节间数少的品种偏晚，伸长节间数多的品种较早。水稻4个伸长节间的品种在抽穗期，5个伸长节间的品种提早到孕穗至抽穗期，6个伸长节间的品种进一步提早至剑叶抽出期。

（4）根色　　稻根有白、黄、褐、黑和水渍状等不同颜色，不同颜色的稻根是根系生长好坏和活力高低的重要标志。水稻的新根或根的尖端部位，具有向根际土壤泌氧的能力，把周围数毫米范围土壤中的亚铁离子氧化成水合氧化铁化合物，沉淀在根外，因而能使根保持原来的白色。在根的中、基部的老熟部分，泌氧功能减弱，根际氧化圈缩小到根的表面，使水合氧化铁化合物沉淀在根的

行家指点

　　根具有不断分枝的能力，一般可分化发生出一次、二次、三次分枝根，高产条件下稻根甚至可发生五次、六次分枝根，不断扩展根群的吸收空间，提高根系的总体功能；而且高次的分枝根，其生理年龄较小，活性强。抽穗后根不断产生多级分枝根是提高结实期群体生理功能的重要条件。

表面，形成有黄褐色或赤褐色的铁膜，则根呈褐色或赤褐色。在土壤还原性极强的条件下，土壤中会大量产生有毒的硫化氢、亚铁类和烷烃类还原性物质，以及各种有害有机酸，而根系的泌氧能力不足以氧化这类物质，这些物质沉积于根表或侵害根体，使根呈现黑色、青灰色或水渍状。土壤良好的通透条件，能提高白根的比例，并不出现黑根、灰根和水渍状根。

（5）根系的营养供应　根系生长活动所需的有机营养和氧气，都由着生在分蘖节上的近根叶供应。到了拔节以后，各叶对根系的营养供应出现了明显的区域分工，根系所需的有机营养，主要由茎秆基部的2或3片叶供应，茎秆中上部叶片的光合产物主要输向穗，而不向根输送。就输氧而言，也只有基部2或3叶和节间中有通气组织，茎秆中、上部叶片和节间中没有通气组织，意味着拔节以后茎秆基部的2或3叶是根系氧气的供应者。因此，高产群体自拔节期起直至抽穗结实期，必须保证茎秆基部叶片有充足的受光量，延长叶的寿命，提高光合功能，才能形成强大的根群和提高根系的活力。

2. 上层根与下层根

（1）上层根与下层根的划分　水稻最上3个节位上发生的根系称为上层根，其余的为下层根（图1-23）。

（2）上、下层根划分的依据　概括地说，下层根是水稻营养生长期的主要功能根系，上层根是水稻生殖生长期的主要功能根系。

不同节位根系发生与产量因素形成的关系，下层根发生开始于第4/0叶期，终止于动摇分蘖叶龄期，与整个有效分蘖叶龄期同步。上层根的发生，始发于拔节前1个叶龄，结束于拔节叶龄期后3~4个叶龄，即抽穗前后，与壮秆和大穗的形成同步。

在生殖生长期（拔节至抽穗），上层根成为根群的主体，上层根的发根节位虽然只有3个，远较下层根（7~11个）少，但由于各发根节上根原基分化数量多，发根期稻体物质积累多，发根和分枝力

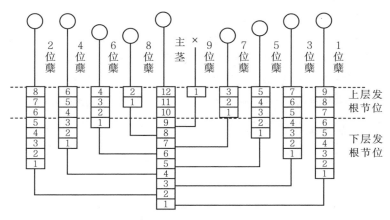

图1-23　水稻不同蘗位单茎上、下层根节位的组成示意

强，故到抽穗期，上层根的数量已超过了下层根，占总根量的60%以上，成为根群的主体。

上层根是抽穗后的主要功能根系，在抽穗结实期，下层根的生理年龄较老，生理功能衰退；而上层根的生理年龄较轻，抽穗后处于分枝根发生期，生理功能旺盛。上层根的根系活力是下层根的1~3倍。

（3）单株分蘗力与上、下层根组成的比例　单株分蘗数多的植株，其上层根占的比例比单株分蘗数少的高。由于上层根是固定的最上3个节位，分蘗上层根的比例比主茎大，上位分蘗上层根的比例比下位分蘗的大（图1-23）。单株分蘗穗越多，上层根占的比例愈大，结实期根系的活力相对愈强。

（4）对上、下层根作用的评价　下层根是水稻生育前期的功能根系，在移栽后及早发根，对促进活棵、分蘗，奠定足穗、大穗基础是极为重要的；到了中、后期，下层根虽渐居次要地位，但对籽粒产量形成，仍有相当的作用。据测定，灌浆成熟期下层根吸收养分占总量的20%~30%，对产量的影响份额占30%~40%。而且上、下层根在养分运转上有一定的互补关系。

上层根大体与穗分化同步发生，是水稻生育中、后期的主要功能根系。促进上层根的发生和生长，提高其活力，不仅对巩固穗数、增加每穗颖花数有显著作用，而且对改善株型，延长叶片寿命，提高抽穗后群体光合生产力，提高结实率和粒重作用显著，并对改进米质的作用尤为显著。近年来高产栽培的理论研究指出，提高群体生育后期根系的活力，是水稻高产优质的重要生理基础。

3. 根系生长与叶龄进程

不同类型品种的生育进程与上、下层根发生的叶龄模式见图1-24。

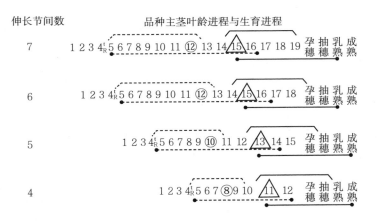

图1-24　水稻不同类型品种的生育进程与发根的叶龄模式

注：4ᵣ：开始发生分蘖、节根叶龄；○：有效分蘖临界叶龄期的叶龄；△：拔节始期的叶龄。

⌐ ⌐ ⌐ ：下层根发根叶龄期；　　　　　　　：上层根发根叶龄期；

● — — — ：下层根分枝根发根叶龄期；

● —————— ：上层根分枝根发根叶龄期。

稻根分化、发生、分枝与出叶的同步同伸关系可归纳为：

N叶（心叶）抽出 ≈ N叶节根原基分化 ≈ N-1叶节根原基增殖 ≈ N-2叶节根原基定数、开始少量发根 ≈ N-3叶节旺盛发根 ≈ N-4叶节完成发根、一次分枝根发生 ≈ N-5叶节二次分枝根发生 ≈ N-6叶节三次分枝根发生。

例如，10叶期的稻株，10叶节根原基分化，9叶节根原基增殖，8叶节根原基定数，7叶节不定根主要发生期，6叶节发根结束并发生一次分枝根，5叶节发生二次分枝根，其余类推。

分蘖的发根与出叶的关系，即当分蘖长出第3叶（2叶1心）时，基部已开始发根。但这些不定根是由分蘖鞘叶节上发生的，分蘖鞘实际上是叶的同源体，如把它视为叶，则分蘖的发根仍是N-3的关系。前述的动摇分蘖叶龄期，就是因为主茎拔节期，具有2叶1心的分蘖，分蘖鞘（叶）节具有发根能力的缘故。

第二章
水稻不同类型品种生育进程的叶龄模式

第一节　生育进程的叶龄模式

要点提示

　　叶龄与水稻生育进程的相关性，比起人用年龄来反映生长发育状况还要精确得多。不管品种如何繁多，只要主茎总叶数和伸长节间数相等，就可以把它们归为同一类。同类型的不同品种，在同一叶龄期的生育进程完全相同。据此，可将繁多的品种按新分类法归纳为5大类，11个类型，并用前面叙述的出叶与各部器官同伸规则的叶龄通式，汇集于各个类型上，制成简易的叶龄模式总图。这11个类型中的特早熟组、早熟组和晚熟组的迟熟品种在江苏水稻生产中已不存在，根据江苏水稻生产的需要将伸长节间数为4、5、6、7的4类水稻不同类型品种生育进程叶龄模式列于表2-1。

　　江苏生产应用的品种中（图2-1），中熟中粳（主要在淮北）如连粳7号、连粳6号、武运粳21号、宁粳4号、武运粳27号和镇稻9424等，在中、大苗手工移栽的条件下，主茎总叶数15叶或16叶，5个伸长节间；在直播和机插的条件下，主茎总叶数为14叶或15叶，5个与

表2-1 水稻不同类型品种生育进程叶龄模式汇总

品种类型	栽培方式说明	1	2	3	4	5	6	7	8	9	10	11	12	13	14	15	16	17	18	19	孕	抽
中熟中粳（淮北）	中、大苗手栽，主茎15叶，5个伸长节间	1	2	3	4^t_R	5	6	7	8	9	⑩	11	12	△	14	15					孕	抽
	直播和机播，主茎14叶，4或5个伸长节间	1	2	3	4^t_R	5	6	7	8	⑨	⑩	11	△	13	14						孕	抽
迟熟中粳（苏中）	机播和直播，主茎16叶，5个伸长节间	1	2	3	4^t_R	5	6	7	8	9	10	⑪	12	13	△	15	16				孕	抽
早熟晚粳（苏南）	机播和直播，主茎17叶，5或6个伸长节间	1	2	3	4^t_R	5	6	7	8	9	10	11	⑫	13	△	15	16	17			孕	抽
		1	2	3	4^t_R	5	6	7	8	9	10	⑪	12	13	△	15	16	17			孕	抽
中熟晚粳（苏南）	机播，主茎19叶，7个伸长节间	1	2	3	4^t_R	5	6	7	8	9	10	11	⑫	13	14	△	16	17	18	19	孕	抽

发育阶段（后期叶龄对应）：穗轴分化期（拔节期、4叶后半期） · 枝梗分化期 · 颖花分化期 · 花粉母细胞形成期 · 花粉细胞减数分裂期 · 花粉充实期

图例

4^t_R 开始分蘖与发根的最低叶龄（即第1节位上分蘖与发根期）

○ 群体有效分蘖临界叶龄期

△ 拔节叶龄期，基部第一节间伸长

| 最上三台根的发生期

图2-1　不同类型品种
① 早熟晚粳；② 迟熟中粳；③ 中熟中粳；④ 早熟中粳

4个伸长节间并存。

　　迟熟中粳（主要在苏中）有淮稻5号、武运粳24号、南粳9108、南粳5055、南粳49、扬育粳2号和淮稻13号等，以机插和直播为主，主茎总叶数为16叶或15叶，以5个伸长节间为主。

　　早熟晚粳（主要在苏南）有武运粳23号、武运粳29号、武运粳30号、镇稻11号、镇稻18号、常农粳7号和扬粳4227等，以机插和直播为主，主茎总叶数为17叶或16叶，主茎伸长节间数6个或5个。

　　知道了某个栽培品种的主茎总叶数和伸长节间数，就可以在表2-1中找到它的位置，从叶龄模式上知道每个叶龄期所处的生育时期，各部器官的建成状况（详细的还得查阅叶与各部器官同伸的规则），在产量因素形成中的作用等，为主要生育时期促控措施的应用，提供叶龄及器官建成的依据。

第二节　品种生育型的划分

　　水稻一生中发生分蘖是营养生长期的主要特征，茎秆基部第1节间伸长为分蘖终止期，幼穗开始分化标志着生殖生长的起点。水稻不同类型间，分蘖终止期和穗分化始期之间的关系存在3种类型。一是重叠型，分蘖尚未终止（尚未拔节），穗分化已经开始。二是衔接型，分蘖终止（拔节）期，也是穗分化开始期。三是分离型，分蘖已经终止（已拔节），而穗分化尚未开始，两者彼此分离。这3种生育型的区分，不完全决定于品种的熟期，而决定于品种的伸长节间数（表2-2）。

　　表2-2清楚地显示，茎秆具有4个和5个伸长节间的品种，均属重叠型；具有6个伸长节间的品种，属衔接型；具有7个伸长节间的品种，属分离型。3种生育型品种形成了4种典型的叶龄模式，在栽培调控上应有区别。

表2-2　不同类型水稻品种拔节与稻穗分化的关系

品种类型	叶龄顺序									
4个伸长节间	5	6	7	⑧	9	10	△11	12	孕穗	抽穗
5个伸长节间	9	10	⑪	12	13	△14	15	16	孕穗	抽穗
6个伸长节间	11	⑫	13	14	△15	16	17	18	孕穗	抽穗
7个伸长节间	⑫	13	14	△15	16	17	18	19	孕穗	抽穗
稻穗分化时期（五期划分法）					1 穗轴分化期	2 枝梗分化期	3 颖花分化期	4 花粉母细胞形成及减数分裂期	5 花粉充实完成期	

第三节　高产群体叶色"黑黄"节奏变化

早在1958年，我国的水稻高产劳动模范陈永康，曾提出著名的单季晚粳稻老来青的叶色"三黑三黄"高产栽培经验。凌启鸿等的研究证实，高产水稻都有严格的"黑黄"变化叶龄期，其共同模式为：

有效分蘖叶龄期以前（$N-n-1$），群体叶色应"黑"（顶4叶深于顶3叶，图2-2左），有利于促进有效分蘖发生，形成壮苗；无效分蘖期和拔节始期，叶色要明显"落黄"（顶4叶浅于顶3叶，图2-2右），无效分蘖和茎基部叶片及节间的生长均受到一定的控制，为中期稳长打好基础；长穗期（颖花分化）开始直至灌浆中期（抽穗后15~20天），叶色应回升显"黑"（二黑），有利于巩固穗数，促进穗分化形成大穗，并提高结实率；灌浆中后期，叶色逐渐褪淡，至成熟期能保持2片以上绿叶（图2-3），有利于提高结实率和粒重。

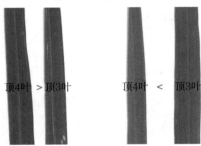

顶4叶 > 顶3叶　　　顶4叶 ＜ 顶3叶

图2-2　叶片颜色的变化诊断

图2-3　高产粳稻成熟期的叶色
①秆青籽黄，群体青秀；②转色正常香蕉黄

第四节 关键栽培技术的模式化、规范化

1. 施用氮素等促进技术

氮肥施后的作用期一般发生于施肥后的第1、第2个叶位，乃至第3个叶位（如施用量多）。例如，6叶期（N叶期）施氮，将会促进第7、第8叶甚至第9叶（$N+1$，$N+2$，或$N+3$叶）及其同伸分蘖的生长，且其肥效的高峰期往往发生在8叶（$N+2$叶）期。因此，为促进有效分蘖，同时又要控制无效分蘖的发生，分蘖肥的施用必须在$N-n-2$叶龄期（有效分蘖临界叶龄期前2个叶位）以前结束。为了促进颖花的分化，促花肥应在倒4叶期初施下；为防止颖花退化，保花肥必须在倒2叶期初施下。

2. 烤田等控制生长的作用期

烤田又称搁田或晒田，一般烤田作用产生于造成植株水分亏缺的后1个叶龄期。例如，为控制$N-n+1$叶龄期无效分蘖的发生，应在$N-n-1$叶龄期排水烤田，到$N-n$叶龄期才能造成稻株水分亏缺（实际是土壤水分亏缺），产生的控制效应发生在$N-n+1$叶龄期，不仅把$N-n+1$叶控短，而且把该叶龄的同伸分蘖控制。同理，为控制第1节间伸长，应在第1节间伸长前1~2个叶龄期排水烤田，使土壤的水分亏缺发生在第1节间伸长前，才能有效控制第1节间伸长（图2-4）。

图2-4 基部伸长节间
① 节间长度；② 倒伏

第三章
水稻群体质量指标体系

水稻高产群体应是高光效的群体，应具有优质的形态空间结构和生理功能，具有最大的光合生产积累能力。对群体光合积累和产量起决定作用的形态和生理指标称之为群体质量指标，这些质量指标的优化组合形成了水稻群体质量指标体系。

第一节　水稻结实期高产群体的质量指标

要点提示

　　高产水稻的群体质量指标主要包括：结实期群体光合生产积累量、群体适宜叶面积指数、群体总颖花量、粒叶比、有效和高效叶面积率、抽穗期单茎茎鞘重和颖花根活量等7项。

一、结实期群体光合生产积累量

结实期群体光合生产积累量，是群体质量的本质指标。

在20世纪50年代，有人研究了作物成熟期的生物产量与经济产量的关系，提出了作物光合生产与获得高产的著名理论公式：经济产量=生物产量×k（经济系数）。

凌启鸿等分析水稻不同时期的光合产物和产量形成的关系发

现，水稻不同生育时期的光合产物是为建成当时正在生长的器官服务的。在抽穗以前光合产物是为建成抽穗期的群体服务的，抽穗以后的光合产物，才主要输向穗，输向稻谷。抽穗期的群体光合生产积累量与产量呈开口向下的抛物线关系（$y=a+bx-cx^2$），有一适宜值。大量的研究和高产实践表明，在很大范围内产量主要决定于结实期的群体光合生产积累量。

获得一定目标的高产，必须获得抽穗至成熟期相应的干物质积累量。高产水稻籽粒中，一般有80%以上来自抽穗后的光合积累；亩*产700 kg的稻谷，需有560 kg以上来自抽穗后，折合干重应在480 kg以上。依江苏高产田的实际资料，亩产700 kg的群体，抽穗期生物量在800 kg左右，成熟期1 300 kg左右；亩产800 kg的群体，抽穗（850～900 kg）至成熟（1 420～1 470 kg）期的干物质积累量在570 kg左右，占籽粒产量的80%。

在云南永胜县涛源乡创世界纪录的协优107高产田，亩产1 287 kg，齐穗期的生物量为1 230 kg，成熟期为2 240 kg，抽穗至成熟期增加了1 010 kg生物量，折合产量为1 168 kg，占籽粒产量的90.8%。

可见，抽穗至成熟期的干物质积累量是精确定量栽培的首要定量指标，要形成结实期高光效群体（图3-1）。

图3-1　结实期高光效群体

*亩是我国最常用的耕地面积计量单位，故本书保留使用。1亩合666.67 m²。

二、适宜的叶面积指数

高产田的适宜最大叶面积应在孕穗期达到，群体在孕穗期适时封行（图3-2），抽穗期单茎保持具有和伸长节间数相等的绿叶数。这样，一方面可使抽穗后群体叶面积能接受95%的阳光辐射，充分利用光能；另一方面，使群体在拔节至抽穗期间，中、下部有较好的受光条件，保证上层根充分发根生长和壮秆大穗的形成。而且封行后，群体尚有约5%的透光率，保证基部叶片的受光量在光补偿点的2倍以上，以延长基部叶片的寿命和生理功能，保证根系活动有充足的养分供应。

行家指点

适宜的叶面积指数，是提高群体结实期光合积累量的形态生理基础指标。

群体不能按时封行，固然不能高产；群体提前在拔节期封行，更是高产栽培之大忌。

高产田最大叶面积指数适宜值因地区的光照条件和品种的株型而不同，江苏水稻高产田的最大叶面积指数适宜值为7~8（粳稻）或7~7.5（杂交籼稻）。

图3-2　孕穗期适宜的叶面积指数
① 孕穗期群体长相；② 孕穗期个体长相；③ 适时封行

三、在适宜叶面积指数值下提高群体总颖花量

1. 提高总颖花量是提高产量的直接因素

水稻每亩总颖花量由2 000万朵提高到3 000万朵、4 000万朵乃至5 000万朵以上，亩产量则由500 kg提高到700 kg、800 kg、900 kg、1 000 kg，甚至1 200 kg以上。产量的进一步上升，亩总颖花量必须不断突破。

2. 在适宜LAI条件下增加总颖花量，是提高群体结实期光合生产力的内源生理机制

颖花不单纯是叶片光合产物的受容器官，受精后子房内的各种激素活性大量增加，促进营养器官中的同化产物大量输入籽粒，使颖花具有主动向光合生产系统"提取"光合产物的能力，形成了所谓受容器官的"拉力"，从而提高叶片光合生产的效率。这已为若干试验证明。

在适宜叶面积指数条件下扩库是强源的内在生理机制，是夺取高产的有效途径。

3. 稳定适宜穗数、主攻大穗，是提高群体总颖花量的可靠途径

随着品种的改良，高产品种的穗型不断增大，单位面积的穗数相对减少，单位面积的总颖花量显著增加。但仍然存在多穗小穗、少穗大穗和穗粒并重3种产量因素构成类型，以穗粒并重型占大多数（80%以上）。这种类型品种夺取高产的成功率最高，风险最小，被认为是最适宜的结构。穗数适宜，保证了个体健壮和群体叶面积指数适宜。能在孕穗至抽穗期适时封行，易于形成大穗（图3-3），获得高的总颖花量和结实率（90%左右）。穗数过多的群体，叶面积指数过大，封行过早，穗小，总颖花量和结实率不易提高，且倒伏的风险大；穗数过少的群体，穗虽大，但叶面积指数小，光能利用不充分，总颖花量亦不易提高。

图3-3　适宜穗数前提下主攻大穗（个体与群体长相）
①抽穗开花期；②灌浆期；③结实后期

　　各地水稻品种获得高产各有其适宜穗数和产量结构。在江苏，为获得每亩700～800 kg的高产，总颖花量应在3 000万朵（2 700万～3 300万朵）/亩，结实率90%左右，千粒重27~30 g。水稻不同品种类型的适宜穗数为见表3-1。

表3-1　水稻不同类型品种的穗粒结构

品种类型	颖花（朵/穗）	穗数（万/亩）
多穗小穗	120~130	24~23
穗粒并重	140~150	22~20
少穗大穗	180~200	18~15

　　目前江苏大面积推广应用的品种（粳）绝大多数为穗粒并重型品种。

四、群体粒叶比

1. 粒叶比的3种表示方式

　　水稻的群体粒叶比可用单位面积总颖花量，或总实粒数，或产量（kg）除以孕穗至抽穗期的叶面积（LAI×666.67×10^4 cm^2），求得颖花/叶（朵/cm^2）、实粒/叶（粒/cm^2）和粒重/叶（mg/cm^2）等3个数值，即粒叶比的3种表示方式。最常用的是颖花/叶。

2. 提高产量存在3条途径

一是保持粒叶比不变，同步提高孕穗至抽穗期叶面积指数和总颖花量而增产。这一途径在低、中产向高产过渡中是可行的。二是保持孕穗至抽穗期叶面积指数不变，提高粒叶比来增加产量，此途径在大面积平衡高产栽培中是十分有效的。三是既提高孕穗至抽穗期叶面积指数，又提高粒叶比，大幅度地提高群体总颖花量和它的总容积量（增大籽粒总库容），以实现水稻的高产和超高产。

从空间占有情况来分析，通过增大叶面积指数的途径受空间条件的制约较大，在一个地区叶面积指数的增加总是有限度的，而通过增加粒叶比来增加总颖花量占的空间较小，可行性大。例如，江苏目前亩产量为700～800 kg的高产田，适宜叶面积指数为7.5（7～8），总颖花量3 000万～3 300万朵/亩，颖花/叶0.6～0.66朵/cm^2。在此基础上，为突破亩产900 kg甚至1 000 kg，总颖花量争取达到4 000万朵/亩以上，如按现有的颖花/叶水平，则LAI将达到9～10，这显然是十分危险的。如通过提高颖花/叶的途径，则增加1 000万朵颖花［每朵颖花的平面面积约为2×8=16（mm^2）］只相当于增加0.24叶面积指数，对群体的透光影响不大，而颖花/叶却提高到0.8～0.86朵/cm^2。因此，在稳定适宜叶面积指数（或略有增大）的基础上，通过提高粒叶比来增加总颖花量，无论从理论上还是从实践上，对提高群体质量，实现更高产，比其他途径更为有效。

五、有效叶面积率和高效叶面积率

在孕穗至抽穗期的叶面积中，包括有效分蘖的叶面积和无效分蘖的叶面积两部分。无效分蘖有叶而无颖花，在群体中占的比例高，则无效叶面积率高，群体的粒叶比必然低，总颖花量必然少。生产上，控制无效分蘖的发生和生长，是提高有效叶面积比例的唯一途径。

有效茎的最上3张叶片称之为高效叶片（图3-4）。因为这3张叶片的生长和穗分化同步，这3张叶片的长度与每穗粒数呈密切正相关；而茎基部叶片的大小，和每穗颖花数的相关不密切，和结实率甚至呈弱负相关。其次，结实期最上3张叶片处于受光条件良好的冠层上部，叶片的生理年龄又较轻，具有旺盛的光合能力，对籽粒灌浆充实的贡献最大。提高高效叶片叶面积在群体LAI中的比率，可以促进形成大穗，提高粒叶比，增强结实期群体的光合积累量。

高产群体高效叶面积率的适宜指标值，5～6个伸长节间的粳稻品种，一般为75%～80%。为实际应用方便起见，可用主茎生各叶长度次序这一诊断指标。

图3-4 高效叶面积指标
①适宜个体（上3叶长度）；②群体长相

近年来，各地出现亩产700 kg以上甚至高达1 000 kg的单季中、晚稻高产田，其茎生叶从上向下倒数5叶的叶长序数多数为2-3-1-4-5，3-2-1-4-5或3=2-1-4-5三种类型。适宜的叶长配置是促进大穗、提高粒叶比的关键。用叶长序数来反映群体质量，是直观、简便、正确性较高的方法。

六、单茎茎鞘重

茎秆是高光效群体的主要支持系统，强壮的茎秆能防止倒伏，能合理分配叶层，提高比叶重和减缓结实期叶面积衰减速度，是提高光合生产力的冠层结构的基础。同时壮秆又是大穗形成的结构基础，粗壮的茎秆内大维管束数多，穗部的一次枝梗数也多，每穗颖花数、单穗重和经济系数也随之增多或提高。因此，抽穗期的单茎茎鞘重不仅是壮秆大穗的重要标志，而且反映了地上部营养生长和生殖生长、有效生长和高效生长的协调状况（图3-5）。

图3-5　粗壮的茎鞘及茎生叶的配置
①适宜的伸长节间配置；②粗壮的基部茎鞘

七、根系活力

根量大且白根比例高是根活力强的特征（图3-6），根的活力往往以伤流量或根系氧化α-萘胺的量来反映。根系活力=根量×单位根的活力。结实期把根系活力和颖花总量联系起来，以每朵颖花拥

图3-6　水稻后期的高活力根系
①根量大且白根比例高；②根量大且根粗，但黄根比例稍高

有多少根活量为其服务，作为衡量根活力的单位，称颖花根活量或颖花根流量。在LAI相同条件下，颖花根活量的高低是结实期群体质量的重要指标。因为颖花根活量与粒叶比之间呈极显著的正相关，与净同化率、光合产物向籽粒的运转率、结实率和千粒重之间均存在极显著的正相关。

提高颖花根活量，关键是在拔节至抽穗上层根发生期间为发根创造良好的群体生态条件，以及在抽穗后为根的分枝创造良好的环境条件。同时在LAI相同时，高的粒叶比，必然相伴形成高的颖花根活量，所以粒叶比可作为颖花根活量大小的地上部相关指标。

八、水稻群体质量三类数量指标及其优化

一切质量都表现为一定的数量。在水稻群体质量的数量表述上，存在三类不同的情况。第一类是二次方程的抛物线关系，这一类数量指标过多或过少，产量均不高，如总茎蘖数、穗数、叶面积指数、高效叶面积率、抽穗期及其抽穗期的群体干物质量等，都在一个适当值时产量最高。因此，适当值被认定是群体质量佳值。第二类则是线性相关关系，如抽穗至成熟期的群体干物质增长量和产量之间，在适当叶面积指数条件下单位面积颖花量、粒叶比、单茎茎鞘重、颖花根活量与产量之间，都呈正相关关系。这些指标的数值不断增大，群体质量不断提高，产量不断增加。第三类是百分率的极限关系，如抽穗期群体有效叶面积率与产量的关系，有效叶面积率受100%的极限限制。

行家指点

优化群体质量，首先应使第一类数量指标达到适当范围内，同时提高第二、第三类指标的数值，当第三类指标达到或接近极限值时，进一步优化群体质量的着力点在于不断提高第二类的数量指标值。高产群体的培育与调控应朝着这一总体目标分步实施。

第二节 水稻高产优质群体培育途径和分阶段诊断指标

前面系统阐述了抽穗结实期定型群体的形态生理质量指标体系。为塑造优质定型群体，必须通过合理的培育途径，实现移栽至抽穗分阶段的群体动态诊断指标。

一、合理培育途径——在保证获得适宜穗数前提下，提高成穗率

各地高产群体的实践资料证明，在足穗的基础上，尽量减少无效分蘖，压缩高峰苗数，提高茎蘖成穗率（粳稻80%～90%，籼稻70%～80%）是全面提高群体质量的一项最直接、易掌握诊断的综合性指标。因为提高茎蘖成穗率，是提高有效叶面积率、粒叶比和总颖花量的一个直接因素。控制无效分蘖必然同时控制基部低效叶的生长，为提高上部高效叶面积率奠定基础。无效蘖和低效叶被控制生长，改善了拔节至抽穗期的群体光照条件，有利于促进高效叶的生长，相伴的是大穗的形成、单茎茎鞘重的增加和颖花根活量的提高。最终是完成适当穗数的适宜叶面积指数，提高粒叶比，提高后期的光合生产力和产量。

二、高产群体发展动态指标

1. 有效分蘖期（移栽至有效分蘖临界叶龄期，图3-7A）

根据江苏单季稻亩产700～800 kg的22个高产田（方）的田间资料，归纳出具有普遍指导作用的群体发展动态的形态、生理指标值（图3-7）。分阶段的形态生理指标值为：

在合理基本苗的基础上，促进分蘖在$N-n$叶龄期之初够苗，奠定穗数。在$N-n-1$叶龄期之前，群体叶色显"黑"，即顶4叶深于顶3叶（顶4叶>顶3叶）。叶片含氮率3.5%左右，分蘖的发生率可达90%以上。

到了$N-n$叶龄期，群体叶色开始褪淡，顶4叶与顶3叶的叶色相同，有利于控制无效分蘖，提高成穗率。

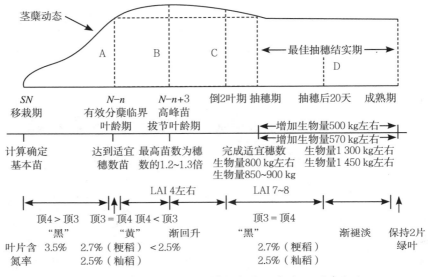

图3-7 亩产700～800 kg群体发展形态生理动态指标

2. 无效分蘖期（N–n叶龄至拔节期，图3-7B）

从N–n＋1叶龄期起，群体叶色"落黄"，顶4叶＜顶3叶，叶片含氮率降至2.5%以下（2.2%～2.4%），无效分蘖被控制。至拔节叶龄期（N–n＋3）（图3-8），高峰苗数被控制在适宜穗数的1.2～1.3倍（粳稻）或1.3～1.4倍（籼稻），使茎蘖成穗率提高到80%以上。群体叶面积指数控制在4左右，茎基部的叶片显著变短。若无效分蘖期不能正常"落黄"，则中期旺长，成穗率低。

图3-8 拔节期的合理长势长相
①个体长势长相；②群体长势长相

3. 穗分化期（拔节至抽穗期，图3-7C）

通过倒4叶至倒2叶施用穗肥，$N-n+3$叶龄期以后群体叶色逐渐加深，至倒2叶期（颖花分化期）群体叶片重又显"黑"，顶4叶叶色同于顶3叶叶色，叶色含氮率回升为2.7%（粳稻）和2.5%（籼稻），并一直延续至抽穗期，以促进有效蘖成穗，完成预期穗数。促进大穗形成和上部3片高效叶的生长，完成适宜叶面积指数（7～8）和目标总颖花量（3 000万朵/亩以上）的指标。

4. 结实期（抽穗至成熟期，图3-7D）

养根保叶，维持旺盛的群体光合功能（图3-9）。通过穗肥的后续作用，使抽穗后15～20天内，群体叶色继续保持"黑"，叶片含氮率维持在2.7%（粳稻）和2.5%（籼稻）左右，基部叶片不衰黄。试验证明，抽穗期及其以后顶4叶、顶3叶叶色相等，是稻体碳氮协调的反映，可以获得最高的结实率。此后，叶色逐步褪淡，至成熟期仍保持2片以上绿叶，使抽穗至成熟期群体光合积累量达到每亩500～570 kg。

行家指点

　　各地品种不同，生育期和产量结构均不同。但生育过程都应按有效分蘖叶龄期、无效分蘖叶龄期、长穗叶龄期和结实期这4个时期，归纳出当地主推品种在各生育期的高产群体生长指标（茎蘖数、叶面积指数和干物质量等）和叶色"黑黄"指标等，这些原理原则上各地都有其共同性、普遍性。

图3-9　结实期的高产群体
①灌浆盛期叶色；②结实后期叶色

第四章
栽培技术的精确定量

水稻高产栽培是一个系统工程，其技术的精确化必须遵循以下的总思路：

一是各项技术都要为构建抽穗至成熟期的高光效群体服务；调控群体前期、中期发展的适宜数量，提高后期的群体质量。

二是以高产群体生育各阶段的形态生理发展指标为依据，定量地应用调控技术，对各部器官的生长作定向、定量调控。

三是以有利于提高群体的茎蘖成穗率和粒叶比为标准，判断促控技术是否适时适量。

四是各项技术的定量，遵循以最经济的投入，获得最大的经济和生态效益的原则。

第一节 适宜播栽期的确定

一、确定适宜播栽期的温度指标

一个地区适宜的播栽期取决于其最佳抽穗结实期和早限播种期。抽穗至成熟期的群体光合生产力决定了水稻的产量，因此，必须把抽穗结实期安排在最佳的气候条件下，称最佳抽穗结实期。

水稻最佳抽穗结实期的生态条件，首要因素是开花结实期的大气温度。一般认为抽穗期日平均温度25℃，整个结实期日平均温度

21℃常年出现的日期，定为江苏各地粳稻的最佳抽穗结实期。就全省的总体而言，在8月25日至10月25日之间，苏北偏早一些，苏南偏迟一些。籼稻的最佳抽穗结实期的适宜温度一般比粳稻约高2℃，日期比粳稻早5~7天。

春后日平均温度稳定在10℃以上，是粳稻的早限播种期，在江苏一般在4月10~18日，南部偏早，北部偏迟；日平均温度稳定在12℃以上，是籼稻的早限播种期，在江苏为4月13~20日，亦是南早北迟。

分蘖和次生根发生的最低温度为15℃，日平均温度稳定在15℃以上时，才是安全移栽期（5月中旬），过早移栽会造成僵苗。因此，覆膜保温育秧必须考虑安全移栽期，合理掌握秧龄和播期（图4-1）。

图4-1　水稻秧龄和播期
①适期播种；②培育壮秧；③精确移栽

二、江苏各生态区适宜播栽期分析

江苏的稻田以稻麦两熟制为主，水稻的前茬85%是小麦，农事季节很紧，而水稻的种植方式以小苗机插和直播为主，小麦的收获期和各地所用品种保证安全齐穗的安全播期是制约水稻适播期的主要因素，依此分析江苏北南各地、各熟期类型品种的适播期。

在江苏淮北的北部，小麦在6月10~15日收获，水稻播栽（始）期为6月15日；粳稻的安全齐穗期为9月18日，当地所用的中熟中粳品种的安全播期为6月21日，即必须在6月21日前直播，才能确保安全齐穗。小苗机插，宜在可插栽（始）期6月15日向前推15天（秧龄期），即5月31日播种，播期提前过多会导致严重超秧龄而减产。在

该区迟熟中粳和早熟晚粳类型品种，安全播期分别在6月3日和5月19日，因其在可播栽期之前，所以不能用于直播，也不宜用于机插。

在江苏淮北的南部，小麦在6月5～10日收获，水稻可播栽期在6月12日左右；粳稻的安全齐穗期为9月20日，该地区应用较多的迟熟中粳品种安全播期在6月22日左右，迟于此期播种即不能确保安全齐穗。小苗机插，宜在可播栽期6月12日向前推15天（秧龄期），即5月28日播种，播期提早过多会因超秧龄而减产。

在江苏江淮之间，小麦在6月3～6日收获，水稻可播栽期为6月10日；粳稻的安全齐穗期为9月24日，当地广泛应用的迟熟中粳和早熟晚粳品种的安全播期分别为7月3日和6月25日，远在可播栽期之后23天和25天，生产中应于可播栽（始）期之后尽力争取早播，以利延长生育期，增加生长量，从而提高产量。小苗机插，宜在可播栽（始）期6月10日左右向前推15天（秧龄期），即5月26日左右播种，播期提早过多会因超秧龄而减产。

在江苏长江以南，小麦在5月底至6月初收获，水稻的可播栽期在6月5日左右；粳稻的安全齐穗期为9月28日，当地应用最多的早熟晚粳品种安全播期为7月9日，远在可播栽（始）期之后一个多月，在生产中力争早播是增产的关键。小苗机插，宜在可播栽期6月5日向前推15天（秧龄期），即5月20日播种。不可提早过多，以防超秧龄减产。

第二节　育秧技术要点

要点提示

　　培育壮秧是增产的基础。壮秧最重要的指标是移栽后发根的爆发力强，缓苗期短，分蘖按期早发，以利于高产群体的培育。

一、江苏的水稻育秧以机插小苗为主

水稻育秧的秧龄就全国而言有小苗（3～4叶期）、中苗（4～5叶期）、大苗（6～7叶期）和二段（超）大苗（8～9叶期）（图4-2），而江苏以机插小苗为主。江苏的机插小苗育秧始于20世纪70年代后期，近10余年迅速发展成为主体的育秧方式，其技术内涵极为丰富。就载体而言，有双膜育秧、软盘育秧、硬盘育秧和穴钵盘育秧；就床土和基质的种类而言，有泥浆和筛土，以及多种品牌的商供水稻育苗基质；就床上培肥的方式方法而言，有取土前有机和无机肥料培肥，各种商供壮秧剂和培肥剂培肥；就床土水分状况和补水方式而言，有旱育秧和湿润育秧，补水方式有沟灌、喷灌、雾灌和滴灌等。此外，因育秧场所不同，又有全露地、覆膜、双膜覆盖、无纺布覆盖和室内等多种。经多年多点的实践表明，无论上述任何一种育秧方式方法，只要技术得当都能培育出适合机插的壮秧。由于育秧技术的纷繁多样，不便一一介绍。当然，无论应用哪种方式方法育秧，壮秧的基本要求都是一致的，关键技术要求也是共通的。

图4-2 秧苗类型
① 大苗；② 中苗；③ 小苗

二、适龄壮秧的指标

江苏目前的机插小苗秧龄大多为3叶1心苗，其形态指标为：一是秧苗的叶龄不超过3叶1心，如大田平整度好，田土细软，用苗高大于11 cm的2叶1心苗移栽，则更有利于早分蘖。二是苗高在12～17 cm，苗高不足11 cm的是弱苗，不利于及早活棵早分蘖；苗高大于20 cm的是徒长苗或超秧龄苗，也不利于活棵早发。三是苗基粗度（大直径）大于等于2.5 mm，小于2.2 mm的是密播弱苗或严重缺肥的瘦苗。四是不定根数大于11条，这样的苗才有较强的发根力。五是叶片的长度大于叶鞘的长度，若叶鞘的长度大于叶片长度则为徒长苗。六是叶色鲜绿，无黄叶，秧苗的生理活性强。七是无病虫害（图4-3）。

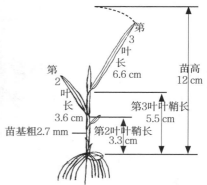

根呈新鲜白色，芽鞘节根5条，全部发出，不完全叶节根发出6条以上

图4-3　机插适龄壮秧

三、培育壮秧共通的关键技术

1.播种落谷密度

培育壮秧共通的关键技术，首要的是合理的落谷密度，只有合理的落谷密度才能保证形成壮苗所需的土壤营养和接受光照的空间。大量的研究和生产实践表明，培育3叶1心期的常规粳稻壮苗合理的落谷密度为250粒（芽谷）/dm²，即每平方厘米两粒半芽谷，折合标准软、硬秧盘（58 cm×28 cm）每盘破胸露白的芽谷140～150 g（千粒重26 g左右）（图4-4）。

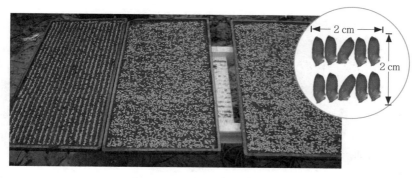

图4-4 适宜的落谷密度

2. 床土培肥

床土是培育壮秧的基础条件。朱庆森等曾经在江苏采集了数十个未培肥的基础床土样本进行分析试验，其速效氮、磷、钾含量均总体偏低，且差异很大，不进行氮、磷、钾三要素培肥，无一能用作育秧床土。培肥的量因具体取土田块而定，培肥后的床土碱解氮含量以250～300 mg/kg为宜。若用商用壮秧剂或培肥剂，则务必先做小规模用量试验，以确定合理的培肥用量，以免用量过多烧苗，过少培肥量不足，不能培育出壮秧。

按"旋耕培肥→晒（风）干→碾碎→筛选（用4～6 mm的筛子）→拌壮秧营养剂"的程序进行盘土的准备。就地培肥的施肥参考用量：每亩取土稻田亩施氮、磷、钾高浓度复合肥50～70 kg；或尿素20～30 kg、过磷酸钙40～80 kg和氯化钾15～30 kg。菜园土可少培肥或不培肥（图4-5）。

图4-5 床土培肥操作
① 拌肥；② 过筛；③ 堆闷

3. 控水盘根

机插小苗育秧过程中无论用何种补水的方式，移栽前7天左右开始都必须控制水分供给，床土水分一定要保持在饱和含水量以下，最低可达土壤最大含水量的85%~90%，以促进根系生长，促成毯状苗盘根。目前生产中应用的部分育秧基质，因质地过分疏松，不仅保水性太差，也不利于盘根，故应加20%（体积）左右田土拌和其中，以改善质地，保证毯状苗盘根（图4-6）。

图4-6　盘根良好的毯状秧苗

4. 生长调节物质

目前市售的壮秧剂、育秧专用肥和育秧（苗）基质（图4-7），多数都含有多效唑、烯效唑等抑制秧苗地上部器官伸长的生长调节物质，在配制合理、使用恰当的情况下，有防止徒长和减轻超秧龄危害的良好作用。但抑制过度，秧龄已到期而株高过矮，不能满足机插要求，从而延误农时的情况也是常见的。所以，使用这类商品时必须经多点多次试用，明确其用量和使用方法，确认效果后再大面积应用。

图4-7 水稻生长调节物质
① 育苗基质；② 壮秧剂

第三节 基本苗的精确定量

基本苗是群体的起点，确定合理基本苗数是建立高光效群体的一个极为重要的环节。确定合理基本苗的指导思想是走"小、壮、高"的栽培途径，用较少的基本苗数，通过充分发展壮大个体，尽可能多地利用分蘖去完成群体适宜穗数，提高成穗率和攻取大穗，以提高群体的总颖花量和后期高光合生产积累能力，获取高产。

合理基本苗计算的核心是要确保群体恰好于有效分蘖叶龄期（$N-n$或$N-n+1$）达到适宜穗数的总茎蘖数。

一、基本苗计算的基本公式

合理基本苗数（X）应是单位面积适宜穗数（Y）除以每个单株的成穗数（ES）。在理论上的通用公式为：$X=Y/ES$

在任何地区，每个品种在某种栽培制度下，其高产的单位面积适宜穗数（Y）是比较稳定的，可以通过较多的高产田穗数测定获

取，它往往是一个已知数。

单株成穗数（ES）取决于3个因素：一是从移栽后至有效分蘖临界叶龄期（$N-n$）有几个有效分蘖叶龄数。二是这几个有效分蘖叶龄期能产生的有效分蘖理论值。三是这些分蘖实际发生率（r）。

用公式计算确定的基本苗数，可以确保在$N-n$叶龄之初够苗，确保穗数，提高成穗率和群体质量。

按照叶、蘖同伸规则，有效分蘖叶龄数和其相应产生的有效分蘖理论值，列入表4-1。若从移栽到有效分蘖临界叶龄期的有效分蘖叶龄数为5个，则从表4-1中查知其有效分蘖的理论值为8个；若叶龄数为5.5个，则有效分蘖的理论值应为（8+12）/2=10个。

表4-1中有效分蘖叶龄数和分蘖理论值的关系，亦可以数列的方式形成口诀，即1-1，2-2，3-3，4-5，5-8，6-12，7-18，8-27等。若从口诀中得知5个有效叶龄有8个理论分蘖值，则用于心算较方便。有效分蘖叶龄数（A）和理论分蘖值（B）的关系，还可用应变比率（C）值（B/A）表示。

表4-1　本田期主茎有效分蘖叶龄数与分蘖发生理论值的关系

主茎有效分蘖叶龄数（A）	1	2	3	4	5	6	7	8	9	10
一次分蘖理论数	1	2	3	4	5	6	7	8	9	10
二次分蘖理论数				1	3	6	10	15	21	28
三次分蘖理论数							1	4	10	20
分蘖的理论总数（B）	1	2	3	5	8	12	18	27	40	59
C(应变比率)＝B/A	1	1	1	1.25	1.6	2.0	2.6	3.38	4.44	5.9

注：C值可列入公式作为计算的应变参数，如（X，主茎有效分蘖叶龄期）C的X值为3，则（3）$C=3×1=3$（个理论分蘖数）；X值为5时，（5）$C=5×1.6=8$（个理论分蘖数）；X值为7时，（7）$C=7×2.6=18$（个理论分蘖数）。

二、小苗机插的基本苗计算

小苗机插的特点是移栽叶龄小（3叶1心，一般不带蘖），单株成穗决定于本田期的有效分蘖叶龄数及分蘖发生率。

1. 小苗机插的基本苗计算公式

基本公式仍是：$X=Y/ES$

$ES = 1$（主茎）$+ (N-n-SN-bn-a)Cr$，代入基本公式：

$$X = \frac{Y}{1+(N-n-SN-bn-a)Cr}$$

式中，Y、N、n、SN和C等均为已知数，bn为移栽至始蘖间隔的叶龄数，调节值a和分蘖发生率r等3个参数，视具体情况而定。

通过基本苗公式计算，可实现精确移栽（图4-8）。

图4-8 以合理的小苗机插基本苗数精确移栽
①精确移栽行株距规格；②精确移栽每穴苗数

2. 有关小苗机插稻基本苗计算的群体与分蘖特点

（1）机插稻高产群体（亩产700 kg）结构的特点 单位面积穗数和手插稻基本相同，或略高1万～2万穗/亩；仍然应走稳定适宜穗数，主攻大穗的路子。群体培育同样应是"小、壮、高"途径，在合理基本苗基础上，通过促进分蘖，提高茎蘖成穗率（70%～80%）达到高产。机插小苗仍遵循$N-n$叶龄期稍前够苗的规律。目前江苏的单季稻（伸长节间5个以上）品种高产田的够苗期，多数在$N-n$叶龄期稍前，a值一般为1，高峰苗期也较手插的早1个叶龄。但4个伸长节间以下的品种，它们的够苗期，仍遵循$N-n+1$叶龄期的规律。

（2）机插稻的分蘖特点　与手插秧相比有两点主要区别：一是由于苗床密度过大，1、2、3三个叶位的分蘖芽发育受抑制。二是在3叶期移栽的情况下，2、3叶位的分蘖芽尚能发育分蘖（$bn=1$）；而在4叶期移栽时，这三个分蘖芽全部休眠而成缺位，要到第7/0叶长出时，才在第4/0叶位上发生分蘖。从移栽到始蘖要间隔2个叶龄，$bn=2$。

（3）机插秧在本田期的分蘖　多数品种集中在8、9、10、11等4个叶龄上，是高发生率和高成穗率叶位，这是计算本田期有效分蘖发生数的重要依据。计算公式中的C值，查表4-1主茎有效分蘖叶龄为4，对应的C值为1.25。

3. 小苗机插稻基本苗的计算

4叶期移栽的bn值为2；5个以上伸长节间品种的a值为1；本田期有效分蘖叶位一般可达5个左右；分蘖发生率r，在播种量适宜、秧龄适当（15～18天）的情况下，可以达到70%～80%。随着秧龄天数的延长，分蘖率下降，若秧龄达25天以上，则分蘖率下降至50%～60%。根据以上参数，可对机插稻基本苗作精确定量计算。

举例：中粳品种武运粳24号，麦茬机插的N为16，n为5，SN为4，适宜穗数为24万/亩左右，秧龄18天，则：

$$X = 24 / [1 + （16-5-4-2-1）C \times 0.75]$$
$$= 24 / [1 + （4）C \times 0.75]$$
$$= 24 / [1 + 4 \times 1.25 \times 0.75]$$
$$= 24 / 4.75 = 5.0（万/亩）$$

如秧龄为22天，则$X = 24 / （1 + 4 \times 1.25 \times 0.6）= 24 / 4 = 6.0（万/亩）$

三、直播稻基本苗计算

随着经济的快速发展，农村劳动力的转移，水稻直播栽培有一定的面积，在多熟制地区常出现3个缺点：一是播期更晚，抽穗结实期低温威胁的频率高。二是草害严重。三是易倒伏。同时，生产上往往单位面积苗数太多，甚至接近穗数，这是影响直播产量的最大制约因素。用基本苗公式计算来剖析直播生产的密度问题，是很有必要的（图4-9）。

图4-9　精量精细播种，实现直播稻的合理基本苗
①旱直播；②水直播

1. 直播稻基本苗计算公式

$$X=Y / [1+（N-n-bn-a）Cr]$$

上式中没有SN这一参数。bn是指始蘖叶龄减1（如5叶期始蘖，则$bn=5-1=4$）。水稻在直播条件下，由于大田苗期营养条件不足，直播苗一般要到5叶以后才开始分蘖，bn值取4，具有普遍意义。直播稻的够苗叶龄，和机插小苗一样，一般要较$N-n$提前1个叶龄，a值取1。这样直播稻的单株成穗数为$ES=1+（N-n-4-1）Cr$。

2. 适宜播量剖析

设一个中粳稻品种直播时的N为16，n为5，高产的适宜穗数为24万/亩。直播的适宜基本苗数应为：

$$X=24 / [1+（16-5-4-1）Cr]$$
$$=24 / [1+（6）Cr]$$
$$=24 / (1+6×2×r)$$

主茎有效分蘖叶龄数一般为6，对应的C值为2.0（表4-1），设分蘖发生率r分别为0.6、0.7、0.8和0.9等，则基本苗分别为2.93、2.55、2.26和2.03（万/亩）。

设该品种千粒重为28 g，发芽率90%，大田成苗率为80%，则播量分别为1.14、1.0、0.88和0.79（kg/亩）。

单位面积上播如此少量的种子，而且要播得很均匀，是很困难的，目前一般条播机最低只能亩播4 kg，是精量播种的4～5倍；人工

播种大都在每亩8 kg左右（6～10 kg），是计划精量播种的8～10倍。如此高的播量，如此大的群体，限制了产量的提高。根本的出路是研制精量点播机，目前更要尽可能把人工播量降下来。

第四节　施肥的精确定量

要点提示

目前，在我国水稻生产成本中，肥料一般要占50%以上。过量施肥、不合理施肥是施肥中存在的主要问题，它使肥料利用率下降，大量肥料被浪费损失，污染环境，而且降低产量和品质，影响食品安全。精确计算肥料用量，节省用肥，合理运筹施肥，是实现水稻生产"高产、优质、高效、生态、安全"综合目标的最关键的栽培技术（图4-10）。

图4-10　适时适量精确施肥
①早施分蘖肥；②重施促花肥

一、高产水稻的氮磷钾吸收比例

水稻对氮、磷、钾三要素的吸收必须平衡协调，才能取得最大肥效和最高产量。高产水稻对氮（N）、磷（P_2O_5）、钾（K_2O）的吸收比例为1：0.45：1.2，这是反映三要素营养平衡协调的生理指标，但田间施肥应根据土壤特性、肥力和三要素的含量，通过农业部推荐的测土配方施肥试验来确定，各地均可查得合理配方施肥的氮、磷、钾比例和用量。

二、氮肥的精确定量

氮肥是高产所必需的，且十分活跃，施多施少都不利高产，是生产上难以掌握的调控因素。因此，这里重点讲述氮肥的精确定量及其施用，在氮肥精确定量后，磷、钾肥就可按推荐的测定配方确定施用量。

氮肥的精确定量要解决施氮总量的确定，基肥、分蘖肥与穗肥比例的确定，以及根据苗情对穗肥施用作合理调节等3个问题。

1. 氮肥适宜施用总量的精确定量

（1）氮肥施用总量的精确定量公式　氮总量的求取，可用斯坦福（Stanford）的差值法求取，其基本公式为：

$$达到目标产量的施氮总量（kg/亩）=\frac{目标产量的需氮量（kg/亩）-土壤的阶段供氮量（kg/亩）}{氮肥的当季利用率（\%）}$$

阶段施肥量（基蘖肥和穗肥）计算式为：

$$达到目标产量的阶段施氮量（kg/亩）=\frac{达到目标产量的阶段吸氮量（kg/亩）-土壤的阶段供氮量（kg/亩）}{氮肥的阶段利用率（\%）}$$

公式的实际应用首先要明确目标产量需氮量、土壤供氮量及氮肥当季利用率3个参数，确定施氮总量；然后合理确定基蘖肥与穗肥的分配比例和施用时间。

（2）3个参数值的求取　求取目标产量需氮量、土壤供氮量和氮肥当季利用率3项参数是十分复杂、困难的。本书编者在长期探索后明确了求取3个参数值时必须设定：在一定地区范围内；按品种类型；按土壤肥力等级（包括前茬）；以化肥加秸秆还田为肥源；以高产田的测定资料为主要依据。配合相关的专题试验的测定，对上述5方面的条件进行设定，就能求出可供一个地区范围内应用的精确定量施氮的3个参数。

第一，目标产量需氮量。目标产量需氮量 = 目标产量 × 100 kg稻谷需氮量/100。

根据多年多点试验的结果，把江苏现有的常规中、晚粳稻亩产500～750 kg的100 kg稻谷的需氮量确定为：亩产500 kg时为1.85 kg（1.8～1.9 kg），亩产600 kg时为2.0 kg（1.9～2.1 kg），亩产700 kg以上时为2.1 kg左右。当每100 kg稻谷的吸氮量超过2.5 kg时，稻株奢侈吸氮，即明显减产。

行家指点

籼型杂交水稻的100 kg稻谷需氮量在江苏比同产量等级的粳稻低0.2 kg，亩产700 kg的高产田100 kg稻谷吸氮量为1.9 kg左右。

第二，土壤供氮量。一般用不施氮的空白区的稻谷产量（基础产量）及其每产100 kg稻谷的吸（需）氮量来估算土壤的供氮量。根据试验调研结果，江苏中上等地力的稻田基础亩产量在350～400 kg，每产100 kg稻谷的吸（需）氮量在1.5～1.7 kg，其中黏土田吸收量偏高，沙土田偏低；品种生育期长短不同，基础产量和土壤供氮量也有差异，一般生育期长的基础产量和土壤供氮量也高，生育期每延长10天，基础产量增加23 kg/亩，土壤供氮量相应增加。

第三，氮肥当季利用率。氮素肥料的当季利用率，一般通过设有不施肥的空白对照的田间试验，并测定稻株的含氮量，再依斯坦福公式的逆运算获得。多年研究探索表明，江苏常规粳稻的氮素肥料（无机速效肥为主）的当季利用率在40%～45%之间，明显低于国外先进水平（55%～60%）；施肥合理的高产田高于普通田块；一般穗（粒）肥比例大的田块高于基蘖肥比例大的田块。另外，移栽秧龄的大小也对氮肥当季利用率有影响，有试验表明，小苗（3.5叶龄）移栽，基蘖肥与穗肥之比为6∶4，产量最高，氮肥的当季利用率也最高（40.9%）；中苗

（6.5叶龄）移栽，以5∶5的产量和氮肥利用率最高（43.3%）；大苗（9.0叶龄）移栽，以4∶6的产量和氮肥当季利用率最高（44.5%）。

2. 氮素基蘖肥和穗肥的精量调节

（1）基蘖肥和穗肥的合理比例、前氮后移　在提高成穗率和优化群体质量中起着至关重要的作用，是精确定量施氮的重要创新。

5个以上伸长节间品种，高产田吸氮拔节前一般只占一生的30%左右，拔节至抽穗期占一生的50%左右。基蘖肥主要为供有效分蘖的需氮，适当降低基蘖肥N比例（占50%~60%），可保证有效分蘖叶龄期够苗后土壤供氮减弱，保证无效分蘖期"落黄"，推迟封行，并提高碳氮比，为长穗期增施穗肥（占40%~50%）、攻取大穗和提高成穗率创造良好条件，故能提高氮肥利用率，夺取高产。4个伸长节间品种拔节前吸氮量稍高（40%~50%），故前期比例应调至60%~70%。

（2）基蘖肥的调节　基蘖肥直接翻入土壤，氮素的损失少，在中、大苗移栽的情况下，基肥一般要占基蘖肥总量的70%~80%；小苗机插，对基肥吸收利用率低，基肥宜减少，以占基蘖肥总量的20%~30%为宜；在麦秸还田的情况下，因麦秸的腐解，要消耗大量土壤氮素，为促苗早发，不但要提高基蘖肥占总施氮量的比例，基肥占基蘖肥的比例也要提高，一般要达50%。分蘖肥宜早施，一般在栽后1个叶龄施下，最迟必须距离有效分蘖叶龄期间隔4个叶龄。

（3）穗肥的调节　在施氮总量和前后分配数量确定，并按计划施用了基蘖肥后，至施用穗肥时，必须根据$N-n$叶龄期群体总茎蘖数和顶4叶、顶3叶的叶色差，对穗肥施用的时间和数量，做进一步调节。大体可分4种苗情作相应调节：

① 群体适宜，叶色正常。群体在$N-n$叶龄期前按时够苗，$N-n$叶龄期后叶色按时"落黄"，达到预期的发展要求，则可按原定的穗肥总量，分促花肥（倒4叶露尖占穗肥总量的60%~70%）、保花肥（倒2叶生出占30%~40%）二次施用（图4-11）。

② 群体适宜或较小，叶色"落黄"较早。若群体"落黄"早，

出现在$N-n$叶龄期，或$N-n$叶龄期不够苗，则应提早到倒5叶期开始施穗肥，并于倒4叶、倒2叶再施，共分3次施用。氮肥的数量比原计划要增加10%～15%，三次施用的比例一般以3:4:3为好。

③ 群体适宜，叶色过深。若$N-n$叶龄期以后顶4叶＞顶3叶，则穗肥一定要推迟到群体叶色"落黄"时才能施用，且次数只宜一次，数量要减少，作保花肥施用。

④ 群体过大，叶色正常。对于$N-n$叶龄期总基蘖苗过多（因基本苗多造成茎蘖数过多），高峰苗达适宜穗数1.5倍以上的过大群体，只要在$N-n+1$至$N-n+2$叶龄期能正常"落黄"的，还应按原计划在倒4叶及倒2叶期两次施用穗肥，穗肥数量不能减少。因为这类已经"落黄"的群体需氮量大，有了足够的穗肥，可保证强势茎蘖的需要，能获得较多的穗数，夺取高产。

水稻$N-n$叶龄期至穗分化开始是实行肥水调控的关键时期。群体的发展极为多样，但基本上是上述4种类型，了解和掌握了这4种调节的原则和方法，便可举一反三。

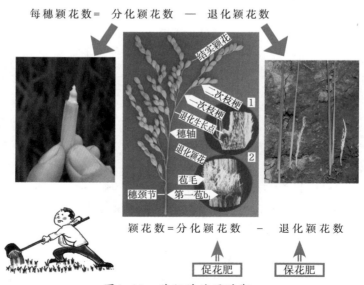

图4-11　穗肥的施用时期

第五节 水稻精确灌溉技术

要点提示

水稻是我国最重要的灌溉作物之一。研究和发展水稻精确灌溉技术,既能满足水稻生理和生态需水要求,对水稻高产和改进稻米品质有利,又能节约用水,对改善稻田的环境生态有利。水稻精确灌溉技术,按活棵分蘖期、控制无效分蘖及落黄期、长穗期和结实期4个时期实施(图4-12)。

叶龄	4 移栽	5 6 7 8 9 10 11 ⑫ 13 14 ⑮ 16 17	孕穗	抽穗	灌浆期 0~10天	11~40天	收获
水深 (cm) 6- 3-	寸水露田促 扎根活棵	浅湿灌溉　搁田期　间隙湿润灌溉			干湿交替		
水势 (kPa) -10- -20- -30-							
土壤水势低限	0 kPa	−5~ −15 kPa	−15~ −25 kPa	−20~ −30 kPa −5~ −15 kPa		−10~ −25 kPa	

图4-12 水稻高产精确灌溉模式图

注:各生育期达到土壤水势指标即灌3~5 cm浅层水。地下水位低、沙土田及穗数型粳稻品种取上限值;地下水位高、黏土田及大穗型杂交籼稻品种等取下限值;籼稻和杂交粳稻取中间值。

一、活棵分蘖阶段

活棵分蘖阶段以浅水层（2~3 cm）灌溉为主，结合必要的排水露田。移栽苗苗龄不同，水层灌溉也有差异。江苏移栽稻以小苗机插为主，以下主要讲述小苗机插稻的精确灌溉技术。

行家指点

　　塑盘穴播带土移栽的小苗，发根力强，移栽时薄寸水。移栽后阴天可不上水，晴天灌薄水。2~3天后即可断水落干，促进根系深扎。活棵后浅水勤灌。

机插小苗的苗体较小，叶面蒸发量不大。加之，根部带部分土移栽，移入大田后，保持土壤湿润即可满足生理需水的要求。其主要矛盾是保持土壤通气，促进秧苗尽快发根。在南方稻区，移栽后一般不宜建立水层，宜采用湿润灌溉的方式。阴天无水层，晴天灌薄水，1~2天后落干，再上薄水。待长出1个叶龄秧苗活棵后，断水露田，田间保持湿润状况，进一步促进发根。待移栽后长出第2片叶时，苗体已较大，此时结合施分蘖肥开始建立以浅水层为主，并多次落干露田通气，维持到整个有效分蘖期。

不论是机插小苗还是塑盘穴播小苗，移栽后如灌水层施除草剂，均对苗体的损害很大，常导致僵苗不发，故小苗移栽的化除应在移栽前进行。田耙平后随即施除草剂，保持水层封杀4天后，既灭了草，又使表土沉实，利于浅插。栽后实施湿润灌溉。

江苏目前仍有相当面积的直播稻，播后的灌溉技术与移栽稻不同。旱直播，一般播后淹灌后，脱水露田（若淹水超过1天，则要及时排水，并注意及时将低洼处积水排净），保持土壤充分湿润，待齐苗至放大叶（1叶1心期）时开始过渡为以浅水灌溉为主。水直播，一般催芽至露白播种，播后即露田；遇高温烈日天气，可在上午10时左右上水护芽，午后排水，至放大叶时开始过渡为以浅水灌溉为主。其后的灌溉标准和技术同小苗机插稻。

二、控制无效分蘖的精确搁田技术

适时适度精确搁田。一是有效控制无效分蘖。二是做到土壤板实，不陷脚，复水后不能回软。三是提高抗逆性，特别是防止倒伏（图4-13）。

图4-13　适期适度搁田
①全田开沟脱水；②基部广生新根

1. 精确确定搁田的时间

无论是籼稻还是粳稻品种，在N叶抽出时搁田的水分胁迫，对$N-2$叶的分蘖芽的生长影响都最大；其次为$N-1$叶的分蘖芽，对$N-3$叶的分蘖芽生长无显著影响。说明当N叶抽出时，$N-2$叶叶腋内的分蘖芽处于较敏感期，$N-3$叶叶腋内的分蘖（正在抽出）处于不敏感期。

因此，欲控制$N-n+1$叶龄期产生的无效分蘖，合适的搁田时间应提前在$N-n-1$叶龄期，即提前2个叶龄期控制。例如，主茎总叶数为17叶，伸长节间数5的品种，希望在12叶期茎蘖数达到预期穗数后，于13叶期就抑制无效分蘖的发生，搁田必须提前到11叶期，当全田茎蘖数达到最终穗数的70%～90%时开始。这样，当12叶抽出期土壤对稻株产生干旱胁迫时，对正在长出的第9叶叶腋的分蘖（$N-3$）并不产生控制作用，可以继续生长，完成穗数苗；而当时的$N-2$叶（第10叶）叶腋内的分蘖芽被有效控制；当第13叶抽出时，第10叶叶腋内的无效分蘖（$N-3$）就难以发生。如搁田期（水分胁迫期）持续延长1个叶龄期，则可将$N-1$（第11叶）叶腋内的分蘖也被有效抑制。

搁田时间始于$N-n-1$叶龄期，持续时间为5～7天。以达到土壤水势指标值-15 kPa和叶色"落黄"（顶4叶＜顶3叶）为度。如一次搁田土壤水势已达到指标值，而叶色尚未"落黄"时，则应及时上跑马水，并进行第2次搁田，达到叶色"落黄"为止（图4-14）。而且这种上跑马水后再次搁田的方式，一直要延续到拔节前（$N-n+2$），这段时间实际上是进行多次适度搁田，切不可一次重搁田。此外，发苗快、够苗早的田块，则应提早搁田，够苗迟的田块最迟亦应在$N-n$叶龄期搁田。

2. 搁田的土壤水势指标

以往在水稻灌溉和搁田的土壤水分状况的判断上，有用水稻和土壤的外观形态作指标的，难以精确定量；也有用土壤含水百分率等指导灌溉的，但不同土壤在相同的土壤含水量时，对水稻产生的生理效应是不同的。为了克服上述缺点，专家们将土壤水分能量概念——土壤水势应用于水稻精确灌溉技术中。用土壤水分张力计插入稻田，随时反映土壤水势值，其测定值所反映的对植株的水分生理效应不受土壤质地的影响（图4-15）。例如，扬州大学农学院的研究，当水势为0（土壤饱和水分）时的土壤含水量，沙土为≥42%，壤土为≥48%，黏土为≥53%，不同土壤类型间含水量有较大的差异，但反映在植株的叶片水势，却是十分相近的。因而用土壤水势作为灌溉指标，可克服因土壤类型不同带来含水量不同的局限性，具有普遍指导意义。

图4-14 水稻搁田后的理想长相

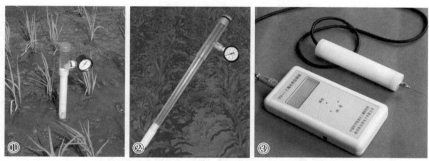

图4-15 土壤水势的测定及仪器
① 土壤水势仪田间设置；② 土壤水势仪；③ 便携式土壤水势监测器

三、长穗期精确灌溉技术

1. 水稻长穗期需水特点

水稻拔节长穗期（枝梗分化至抽穗期）是营养生长和生殖生长两旺的时期，群体的蒸腾量猛增，是生理需水最旺盛的时期。稻田腾发量达到峰值，进入稻田耗水量最大期，需要有足够的水分保证。此时，棵间蒸发逐渐减少。

水稻长穗期的另一个重要的生理特点是上层根开始大量发生，整个根群向深、广两个方向发展，是水稻一生中根群发展的高峰期，至抽穗期达最大值。长穗期促进根系生长的重要条件之一是协调土壤的水气矛盾。在土壤通透良好的条件下，使土壤的理化性状和环境条件得到改善，对促进穗分化和籽粒结实，以及防止生育后期叶片的早衰起重要作用。因此，长穗期应采用浅水层和湿润交替的灌溉方式。

2. 浅湿交替灌溉的土壤水势指标值

据扬州大学农学院朱庆森等研究，江苏的中、晚粳稻长穗期需要进行灌水的最佳（取得最高产量）低限土壤水势值为：$-5 \sim -8$ kPa。在上述范围内，地下水位低的和沙土地取上限值；地下水位高的或黏土田取下限值。

长穗期灌浅水层后，当土壤水势值达到上述低限指标值时，就需要灌水层 $2 \sim 3$ cm，自然落干，待土壤水势再达到低限值时，再灌水 $2 \sim 3$ cm。如此周而复始，形成浅水层与湿润交替的灌溉方式图4-16。这种灌溉方式也能维持搁田后土壤沉实而不虚浮，有利防止倒伏。

图4-16 轻干湿交替灌溉
①薄水灌溉；②落水轻干

四、结实期精确灌溉技术

结实期（抽穗至成熟）的灌溉仍宜浅湿交替的灌溉方式，且结实期间无水层期土壤水势的低限值较长穗期低。据扬州大学农学院朱庆森等测定，获得高产、优质的结实期灌溉的低限土壤水势指标值为：-10～-15 kPa，具体的灌水节奏同长穗期。

五、全生育期精确灌溉技术

依据试验和各地大面积的实践，将高产水稻全生育期精确灌溉模式制成本节开篇时的图4-12。

据江苏各地多点试验结果，按上述灌溉技术进行稻田水分管理，产量较习惯灌溉法增加8.1%～14.2%，灌溉水节约了32%～38%，灌溉水利用效率（每立方米灌溉水生产的稻谷重量）提高了49%～51%。上述精确灌溉技术还明显改善了稻米的加工品质和外观品质，对其他稻米品质指标无明显不利影响。

六、精确灌溉的土壤实用诊断指标

田土的外观形态随土壤水势的变化而相应变化，这种相应的变化因土壤质地不同而不同。例如：据观察，土壤水势同为-10 kPa时，黏土田表土湿润，粘手；壤土田表土湿润不粘手；沙土田表土手按有手印。当土壤水势进一步下降时，黏土田最先起裂缝，而后是壤土田，再后是沙土田。当土壤水势同为-20 kPa时，黏土田从田边起产生大量裂缝，缝宽可达5～10 mm；壤土田也开始有裂缝，缝宽为5 mm左右；沙土田田边局部有细裂缝，缝宽3 mm左右，田边开始干白。这样的土壤水势与田土外观形态的对应关系，使用目测进行田土水分诊断成为可能。

扬州大学农学院在推广稻作水分高效利用和精确定量栽培技术的研究成果时，将推广区域以土壤质地划片，每片选取2～3块代表田块，观测各土壤水势下的田土外观形态（裂缝范围和大小，粘手与否，田土发白情况，是否站得住脚等）指标，依各生育阶段合理土壤水势指标对应的稻田土壤形态写入操作规程，以供基层农技人员和稻农田间管水时应用，这样管水既有科学依据，又便于普及应用，取得了很好的高产节水高效的效果。

后　记

　　以凌启鸿教授为首的稻作科学研究团队自20世纪80年代起先后提出了"水稻叶龄模式""水稻群体质量"和"水稻精确定量栽培"等3项新的水稻栽培理论和技术，创立了贯穿水稻生育全过程及其各项栽培技术的精确量化稻作体系，有力地推动了我国近30年来稻作技术水平的提高，是江苏以及全国相关的产稻省（自治区、直辖市）水稻持续增产的重要技术支撑。这三项水稻栽培理论和技术专著《稻作新理论——水稻叶龄模式》《作物群体质量》（水稻）和《水稻精确定量栽培》，全面深入阐述了其理论基础与技术规范，立论严谨，内容极为丰富，得到了稻作学界的广泛赞誉。然而，这3部专著篇幅大，共有约60万字，涉及的学科专业广泛，对一般种稻农民和基层农技人员而言，阅读并掌握这些新技术有很大困难。为进一步推广这一新的稻作技术体系，亟需有一本适合种稻家庭农场、大户和基层农业技术人员阅读的简明版本。为此我们以《水稻精确定量栽培》为基础，从通俗实用角度编写了《水稻精确定量栽培实用技术》，供广大一线种稻人员阅读，以推动这项新技术更广泛地应用。

　　本书成稿后得到了凌启鸿教授的审定，正式出版得到国家公益性行业计划（201303102）、江苏省农业三新工程[SXGC（2014）315、SXGC（2016）321]、江苏省"333"高层次人才培养工程等项目成果的支持，在此一并致谢！

编　者